T/CAGHP 016—2018

目　次

前言 ·· Ⅲ
引言 ·· Ⅴ
1　范围 ··· 1
2　规范性引用文件 ··· 1
3　术语和定义 ··· 1
4　技术要求 ··· 2
　4.1　一般规定 ·· 2
　4.2　物理接口 ·· 2
5　验证测试要求 ·· 4
　5.1　测试内容 ·· 4
　5.2　测试装备及要求 ··· 4
　5.3　测试条件 ·· 4
　5.4　测试方法 ·· 4
　5.5　合格判定 ·· 4
附录A（规范性附录）　BNC-3航空插头尺寸要求 ··· 5

Ⅰ

前　言

本标准按照 GB/T 1.1—2009《标准化工作导则　第 1 部分：标准的结构和编写》给出的规则起草。

本标准附录 A 为规范性附录。

本标准由中国地质灾害防治工程行业协会提出并归口。

本标准主要起草单位：中国地质调查局水文地质环境地质调查中心、航天科工惯性技术有限公司。参加单位：吉林大学、重庆地质仪器厂、中国地质科学院探矿工艺研究所、中国地质环境监测院。

本标准主要起草人：张青、郝文杰、史彦新、林君、孟宪玮、孙芳、蒿书利、高飞、秦国菲、蒋凡、万玲、张晓飞、吕中虎、周策、杨卓、刘明文、耿启立、韩永温、曾克、陈红旗、张楠等。

本标准由中国地质灾害防治工程行业协会负责解释。

引 言

为推动地质灾害防治工程行业健康发展,国土资源部组织拟定《地质灾害防治行业标准目录》和《地质灾害防治行业标准体系框架》,发布《国土资源部关于编制和修订地质灾害防治行业标准工作的公告》(国土资源部〔2013〕第12号文),将《地质灾害监测仪器物理接口规定(试行)》确定为地质灾害防治行业标准。本规定旨在规范地质灾害监测类仪器物理接口的研发、生产及应用,为地质灾害稳定性评价、预测预报和防治工程效果评估提供可靠的监测数据。

本规定是在充分研究国内外有关地质灾害监测技术规范标准和较为成熟的地质灾害监测技术方法的基础上编写而成。

地质灾害监测仪器物理接口规定(试行)

1 范围

本标准规定了地质灾害监测系统中监测仪器的物理接口及其验证测试的工作方法。

本标准适用于崩塌(含危岩体)、滑坡、泥石流、地裂缝、地面沉降、地面塌陷等类型地质灾害所涉及的非分布式监测技术仪器研发、生产和使用中。

2 规范性引用文件

下列文件对于本标准的应用是必不可少的。凡是注日期的引用文件,仅注日期的版本适用于本标准。凡是不注日期的引用文件,其最新版本(包括所有的修改版)适用于本标准。

GB/T 16611—1996　数传电台通用规范段落

北斗系统空间信号接口控制文件(2.0版)

EIA RS-232-C　串行通讯接口标准

Universal Serial Bus 3.0 Specification　通用串行总线标准3.0版

ISO 11898 Road vehicles–Control area network(CAN)　公路车辆-控制器局域网络

3GPP TS 36.101 V8.0.0(2007-12) 3rd Generation Partnership Project;Technical Specification Group Radio Access Network;Evolved Universal Terrestrial Radio Access(E-UTRA);User Equipment(UE)radio transmission and reception(Release 8)　第三代合作伙伴计划,技术规范组无线接入网络,发展通用陆地无线接入,用户设备(UE)的无线发送和接收(发布版8)

IEEE Std 802.15.4™-2006 Wireless Medium Access Control (MAC) and Physical Layer (PHY) Specifications for Low-Rate Wireless Personal Area Networks (WPANs)　低速无线个人域网络的介质访问控制和物理层规格

EIA RS-485　美国电子工业协会RS485串行总线通讯标准

TIA/EIA-568-C　美国通讯工业协会/美国电子工业协会568协议C版本

TIA/EIA 568B.2-1-2002　美国通信工业协会/美国电子工业协会六类布线标准

TD-LTE-Advanced　分时长期演进技术高级版本

ZigBee PRO　无线个域网协议

IEEE 802.11ac　电气和电子工程师协会802.11无线局域网通信标准

3 术语和定义

下列术语和定义适用于本标准。

3.1

物理接口 physical interface

地质灾害监测仪器硬件之间的接口。

3.2
数据传输单元 data transfer unit
能够将串口数据转换为 IP 数据或将 IP 数据转换为串口数据的无线终端设备。

3.3
波特率 baud rate
单位时间内载波调制状态改变次数。

4 技术要求

4.1 一般规定

4.1.1 监测仪器无线接口天线宜采用标准 SMA 阴头接口形式

4.1.2 监测仪器物理接口环境要求

  a) 工作环境温度：-30 ℃～80 ℃。
  b) 工作环境湿度：20%～80%。
  c) 大气压力：70 kPa～106 kPa。
  d) 防护等级：IP65 及以上。

4.2 物理接口

4.2.1 有线接口

4.2.1.1 有线接口主要包括：三线制串行通讯接口、通用串行总线接口、控制器局域网接口、RS485接口和通用网络接口。

4.2.1.2 三线制串行通讯接口（RS232-3/BD-3）

  a) 电气特性参照《工业控制计算机系统总线 第2部分：系统外部总线串行接口通用技术条件》(GB/T 26803.2—2011)执行。
  b) 串口三线制数据接口主设备（公头输出端）的引线数目、排列及标识如表1所示，封装形式采用 BNC-3 航空插头，形状、尺寸详见附录 A。

表 1 RS232-3 引脚定义

引脚标识	信号名称（简称）	线序颜色	对应 DB9/M 引脚
1	接收（RXD）	蓝	2
2	发送（TXD）	红	3
3	地（GND）	黑	5

  c) 通信协议参照《串行通讯接口标准》(EIA RS-232-C)执行，波特率宜使用 115 200 bps。

4.2.1.3 通用串行总线接口（Universal Serial Bus，USB），通信协议参照 *Universal Serial Bus 3.0 Specification* 执行。

4.2.1.4 控制器局域网接口(Controller Area Network,CAN)
a) 地质灾害监测仪器CAN总线数据接口采用双绞线实现数据传输,电气特性参照《工业控制计算机系统总线 第2部分:系统外部总线串行接口通用技术条件》(GB/T 26803.2—2011)执行。
b) 地质灾害监测仪器CAN总线数据接口主设备(公头输出端)的引线数目、排列及标识如表2所示,封装形式采用BNC-3航空插头,形状、尺寸详见附录A。

表2 CAN总线数据接口引脚定义

引脚标识	信号名称(简称)	线序颜色
1	低电平(CAN L)	蓝
2	高电平(CAN H)	红
3	地(GND)	黑

c) 通信协议参照ISO 11898执行。

4.2.1.5 RS485接口
a) 地质灾害监测仪器RS485数据接口采用双绞线实现数据传输,在要求比较高的环境下可以采用带屏蔽层的同轴电缆,电气特性参照《工业控制计算机系统总线 第2部分:系统外部总线串行接口通用技术条件》(GB/T 26803.2—2011)执行。
b) 地质灾害监测仪器RS485数据接口主设备(公头输出端)的引线数目、排列及标识如表3所示,封装形式采用BNC-3航空插头,形状、尺寸详见附录A。

表3 RS485接口引脚定义

引脚标识	信号名称(简称)	线序颜色
1	负信号(DATA-)	蓝
2	正信号(DATA+)	红
3	地(GND)	黑

c) 通信协议参照《美国电子工业协会RS485串行总线通讯标准》(EIA RS-485)执行。

4.2.1.6 通用网络接口(RJ45接口),参照《美国通信工业协会/美国电子工业协会六类布线标准》(TIA/EIA-568-B和TIA/EIA 568B.2-1-2002)执行。

4.2.2 无线接口

4.2.2.1 无线接口主要包括:通用分组无线业务网络(GPRS)、第三代移动通信技术(3G)、北斗卫星短报文通讯、ZigBee网络、第四代移动通信技术(4G)、无线保真技术(Wireless Fidelity,Wi-Fi)和数传电台。

4.2.2.2 GPRS、3G、4G数据传输单元,通信协议参照"3GPP TS 36.101 V8.0.0"和"TD-LTE-Advanced"执行。

4.2.2.3 北斗卫星短报文通讯,通信协议参照《北斗系统空间信号接口控制文件(2.0版)》执行。

4.2.2.4 ZigBee网络通信,通信协议参照"ZigBee PRO"执行。

4.2.2.5 Wi-Fi,采用内置无线网络协议IEEE 802.11协议栈以及TCP/IP协议栈的模块。

4.2.2.6 数传电台,参照《数传电台通用规范》(GB/T 16611—1996)执行。

5 验证测试要求

5.1 测试内容

a) 物理接口测试。
b) 连续运行测试。

5.2 测试装备及要求

a) 计算机:主频 2 G、内存 1 G、硬盘 100 G、配备 USB、串口,安装相关驱动及软件。
b) 电源:交流(AC)220 V 或直流(DC)12 V。
c) 连接线:串口线、USB线。

5.3 测试条件

a) 相对湿度:5%～95%。
b) 气压:101.325 kPa。

5.4 测试方法

5.4.1 物理接口测试包括查看物理接口外观,符合4.2节要求。

5.4.2 连续运行测试

按照协议符合性测试要求,连续测试72 h,对测试数据的正确性进行统计分析,形成书面测试报告。

5.5 合格判定

保证接收数据误码率小于等于1/10 000为合格,否则为不合格。

附 录 A
（规范性附录）
BNC-3航空插头尺寸要求

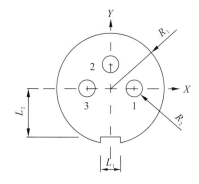

插头号	X/mm	Y/mm
1	3.5	0
2	0	3.5
3	-3.5	0

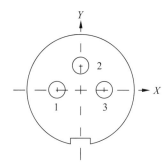

插头号	X/mm	Y/mm
1	-3.5	0
2	0	3.5
3	3.5	0

说明：

$R_1 = 8$ mm；

$R_2 = 1.25$ mm；

$L_1 = 3$ mm；

$L_2 = 7$ mm。

图 A.1 母头俯视图（上）和公头俯视图（下）